Katharina Niciejewska, Mataza Golzari

Metropolregion Hamburg: Wohlstands- und Armutsviertel

GRIN Verlag

Bibliografische Information der Deutschen Nationalbibliothek:

Die Deutsche Bibliothek verzeichnet diese Publikation in der Deutschen National-
bibliografie; detaillierte bibliografische Daten sind im Internet über http://dnb.d-
nb.de/ abrufbar.

Impressum:

Copyright © 2006 GRIN Verlag GmbH
Druck und Bindung: Books on Demand GmbH, Norderstedt Germany
ISBN: 978-3-638-77416-1

GRIN - Your knowledge has value

Der GRIN Verlag publiziert seit 1998 wissenschaftliche Arbeiten von Studenten, Hochschullehrern und anderen Akademikern als eBook und gedrucktes Buch. Die Verlagswebsite www.grin.com ist die ideale Plattform zur Veröffentlichung von Hausarbeiten, Abschlussarbeiten, wissenschaftlichen Aufsätzen, Dissertationen und Fachbüchern.

Besuchen Sie uns im Internet:

http://www.grin.com/

http://www.facebook.com/grincom

http://www.twitter.com/grin_com

Hochschule für Angewandte Wissenschaften Hamburg

Hamburg University of Applied Sciences

Metropolregion Hamburg –
Wohlstands- und Armutsviertel?

Hausarbeit

Statistik Praktikum

Außenwirtschaft / Internationales Management

WS 06/07: 3. Semester

Abgabedatum:

05.12.2006

Verfasser:

Katharina Niciejewska

Mataza Golzari

Inhaltsverzeichnis

Abbildungsverzeichnis

Tabellenverzeichnung

1. Einleitung

1.1. Untersuchungsziel

In den Medien wird immer häufiger berichtet, dass das Bild der Stadtviertel in der Metropolregion Hamburg keineswegs mehr homogen ist, sondern, dass die Unterschiede zwischen den Stadtteilen immer größer werden. Und auch uns ist aufgefallen, dass es große Unterschiede gibt wenn man durch Hamburg fährt oder eine Wohnung in Hamburg sucht.

Scheinbar sind in einigen Stadtvierteln Wohnungen nur einigen wenigen Gutsituierten aufgrund von extrem hohen Mietpreisen vorbehalten. In anderen wiederum ist ein überproportional hoher Ausländeranteil zu bemerken.

Unser Ziel ist es, zu untersuchen, ob man Ungleichheit bezogen auf Armut und Wohlstand in den einzelnen Stadtvierteln mit Hilfe ausgewählter Variablen messen kann. Kann man mit Hilfe bestimmter Indikatoren aufzeigen, dass bestimmte Stadtteile Armuts- und andere Wohlstandsviertel sind? Kann man auch Tendenzen erkennen, und somit Aussagen für die Zukunft treffen? Diese Fragen zu beantworten haben wir uns zum Ziel dieser Hausarbeit gemacht.

1.2. Vorgehensweise

Für unsere Untersuchung liegen uns Stadtteildaten vom statistischen Bundesamt vor, sowie die Immobilienpreise aus dem Immobilienatlas der LBS. Bezüglich der Vollständigkeit der Variablen, mussten wir feststellen, dass es in der Stadtteildatenbank entweder keine oder nur veraltete Angaben zu den Einkommensverhältnissen sowie dem Bildungsniveau der Bevölkerung in den einzelnen Stadtteilen gibt. Aus diesem Grund haben wir diese Merkmale nicht in unsere Betrachtung mit einbezogen. Anstelle davon haben wir die uns vorliegenden Daten zu einem Indikator zusammengefasst. Mittels dieser Daten und des Datenverarbeitungsprogramms SPSS machen wir unsere Auswertungen und stellen diese in Tabellen und Grafiken dar. Haben wir die von uns verwendeten Variablen für die Untersuchung verändert, so haben wir dies in dem entsprechenden Kapitel dokumentiert.

In unserer Hausarbeit beschreiben wir als Erstes die Datenbasis die uns zur Verfügung steht, also die Stadtteildatenbank (vgl. www.statistik-nord.de) und den Immobilienatlas (vgl. www.lbs.de). Danach folgt im zweiten Kapitel eine tabellarische Auflistung aller verwendeten Untersuchungsvariablen. Im dritten Kapitel haben wir alle wichtigen Zielvariablen detailliert beschrieben.

Im vierten Kapitel haben wir Untersuchungen bezüglich der Abhängigkeit/Korrelation (vgl. Hörnstein/Kreth, Wirtschaftsstatistik, S. 117 ff) von einzelnen Variablen angestellt. Anschließend haben wir in Kapitel 5 einen Armutsindikator kreiert, der sich aus den Variablen Sozialhilfeempfängerquote, Ausländeranteil und den Immobilienpreisen zusammensetzt, und dazu dient die Armut in den einzelnen Stadtteilen zu messen.

Die Ergebnisse der Untersuchungen haben wir in der Schlussbetrachtung zusammengefasst (Kapitel 6). Des Weiteren gehen wir auf die Probleme, die während der Untersuchungen aufgetreten sind ein und geben einen Ausblick auf zukünftige Entwicklungen.

2. Beschreibung der Datenbasis

2.1. Stadtteildatenbank – Statistik Nord

Das Statistikamt Nord bezieht seine Daten aus dem Melderegister, von der Bundesanstalt für Arbeit, von der amtlichen Sozialhilfestatistik und anderen öffentlichen Quellen (vgl. www.statistik-nord.de). Es ist aktuell die einzige, frei zugängliche, Datenbank, bei der die Daten auf Stadtteilbasis für Hamburg zur Verfügung stehen.

Auf Stadtteilbasis sind Informationen zu den Bereichen: Fläche, Bevölkerung, Wohnen, Wahlen, Sozialstruktur, Infrastruktur, Verkehr und Kriminalität, für die Jahre 1986 bis 2004, veröffentlicht (vgl. www.statistik-nord.de). Leider sind die Daten nicht vollständig. So sind Angaben bezüglich der Einkünfte der Lohn- und Einkommensteuerpflichtigen beispielsweise nur für die Jahre 1986, 1989, 1992 und 1995 vorhanden, und somit für eine aktuelle Untersuchung unbrauchbar.

2.2. LBS Immobilienatlas

Auf der Homepage der LBS, hat die LBS zusammen mit der Firma F+B GmbH den Eigentumsmarkt für Grundstücke, Gebrauchtimmobilien und Neubauten im Großraum Hamburg in 2005 untersucht (vgl. www.lbs.de). Es werden die Angaben für die Jahre 2002 bis 2006 zur Verfügung gestellt. Unterschieden wird nach Wohnungen, Ein- und Zweifamilienhäusern. Es werden auch Entwicklungen aufgezeigt und besonders beliebte und teuere Stadtteile hervorgehoben. Auch werden ganze Regionen separat betrachtet. So zum Beispiel die Stadtteile rund um die Alster, die als besonders begehrt gelten, ebenso wie auch die Stadtteile entlang der Elbe.

Leider sind die Daten auch hier nicht vollständig. So fehlen für unseren Betrachtungszeitraum (2002 bis 2004) von den 309 Fällen (103 Stadtteile mal 3 Jahre), 107 Fälle bei den Eigentumswohnungen, und 117 Angaben zu den Preisen für Ein- und Zweifamilienhäuser.

Die Gründe dafür, dass verhältnismäßig viele Angaben fehlen können unserer Ansicht nach vielseitig sein. Zum einen gibt es Industrie-Stadtteile in denen es kaum Bewohner gibt und somit auch kaum Preise für Wohnimmobilien ermittelt werden können. Zum anderen ist es bei den Preisen für Ein- und Zweifamilienhäuser so, dass es im Zentrum Hamburgs kaum Ein- und Zweifamilienhäuser gibt, sondern Mehrfamilienhäuser hier dominierend vorzufinden sind.

2.3. Datenbereinigung im Rahmen unserer Hausarbeit

Wir betrachten bei unseren Auswertungen 100 Stadtteile während der Jahre 2002 bis 2004. Drei Stadtteile haben wir von den Untersuchungen ausgeschlossen. Diese drei haben während des Betrachtungszeitraumes eine Bevölkerungszahl von unter 100 Bewohnern, und sind deshalb nicht repräsentativ. Bei den drei Stadtteilen handelt es sich um die Industriestadtteile: Altenwerder, Waltershof und Steinwerder.

3. Variablen-Beschreibung

3.1. Variablen-Überblick

Die nachfolgende Tabelle gibt einen Überblick, über unsere wichtigsten Variablen.

Tabelle 1: Verwendete Variablen

Variablen-Name	Erklärung der Variablen	Ausprägung
Ausländeranteil in % der Bevölkerung	Originalvariable aus der Stadtteildatenbank des Statistikamt Nord	Von 0,5 % (Spadenland, 2004) bis 73,7 % (Billbrook, 2002)
Arbeitslose in % der 15- bis unter 65-Jährigen	Originalvariable aus der Stadtteildatenbank des Statistikamt Nord	Von 1,5 % (Reitbrook, 2004) bis 25,2 % (Klostertor 2002)
Sozialhilfeempfänger in % der Bevölkerung	Originalvariable aus der Stadtteildatenbank des Statistikamt Nord	Von 0 % (Reitbrook, 2003) bis 23,7 % (Kleiner Grasbrook, 2004)
Immobilienpreise Eigentumswohnungen	Originalvariable aus dem Immobilienatlas der LBS	Von 1185 €/qm (Horn, 2004) bis 3364 €/qm (Harvestehude, 2004)
Immobilienpreise Ein- und Zweifamilienhäuser	Originalvariable aus dem Immobilienatlas der LBS	Von 1403 €/qm (Neuengamme, 2003) bis 5263 €/qm (Rotherbaum, 2004)
Immobilienpreise in Punkten	Zusammenfassung der Punkte für ETW- und Häuserpreise von 0 bis 100 Punkte	Von 0 Pkt. (Neuengamme, 2003) bis 89,28 Pkt. (Rotherbaum, 2004)
Armutsindikator	Zusammenfassung der Variablen Ausländer-,Sozialhilfeempfänger-quote und Immobilienpunkten (in Punkten von 0 bis 100)	Von 0,82 Pkt. (Reitbrook, 2004) bis 87,34 Pkt. (Kleiner Grasbrook, 2004)

3.2. Zielvariable Ausländeranteil

Nun gehen wir genauer auf die Zielvariable Ausländeranteil ein und untersuchen diese univariat. Wie diese Variable von „Statistik Nord" definiert wurde, konnte leider nicht ermittelt werden.

Als erste Darstellungsweise des Ausländeranteils haben wir die Boxplot-Darstellung gewählt.

Abbildung 1: Boxplot Ausländeranteil

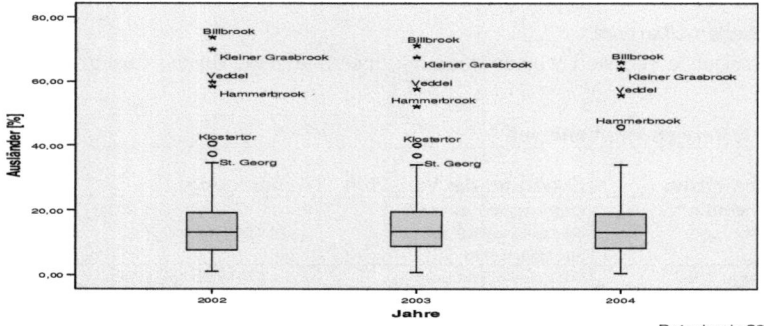

Datenbasis:300

Im Anhang haben wir ergänzend zum Boxplot eine Tabelle mit der Fünf-Zahlen-Statistik (vgl. Hörnstein/Kreth, Wirtschaftsstatistik, S.41 ff) aufgeführt (Tabelle 2). Da es keine negativen Ausländeranteile geben kann, gibt es auch keine Ausreißer und Extrema nach unten. Das aktuellste Jahr in unsere Betrachtung ist das Jahr 2004. Für dieses Jahr lassen sich nachfolgende Werte aus der Fünf-Zahlen Statistik ablesen:

- ein Viertel aller betrachteten Stadtteile weisen einen Ausländeranteil von höchstens 8,2% auf,
- die Hälfte höchstens einen Ausländeranteil von 13,1%, und
- drei Viertel der Stadtteile haben höchstens einen Ausländeranteil von 18,95%.

Das Maximum liegt mit 66% (Billbrook) deutlich über den restlichen Stadtteilen. Jedoch kann diese hohe Prozentzahl relativiert werden, indem man die absoluten Zahlen für den Stadtteil Billbrook hinzuzieht: Billbrook hatte im Betrachtungszeitraum (also dem Jahr 2004) eine Bevölkerungszahl von 1.526.

Verglichen mit dem größten Stadtteil (Rahlstedt - Bevölkerung im Jahr 2004: 85.439) handelt es sich bei dem Maximum in diesem Fall also um einen verhältnismäßig kleinen Stadtteil.

Die unterschiedliche Verteilung des Ausländeranteils in den einzelnen Stadtteilen wird auch im nachfolgenden Kreisdiagramm sichtbar.

Abbildung 2: Kreisdiagramm Ausländeranteile

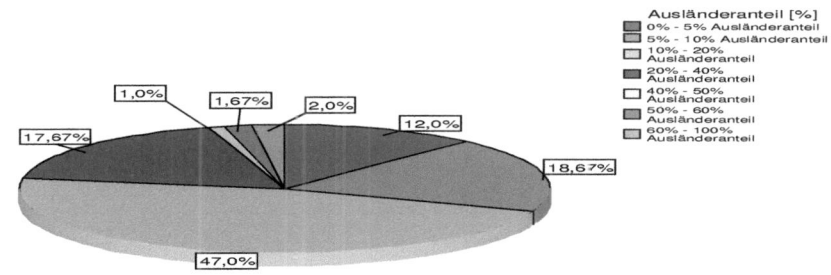

Das Kreisdiagramm zeigt für die Jahre 2002 bis 2004, dass: Datenbasis: 300

- fast die Hälfte aller Stadtteile einen Ausländeranteil von 10% - 20% haben,
- nur sehr wenige Stadtteile einen Ausländeranteil von 40% - 50 % aufweisen,
- über ein Viertel einen Anteil von 0% - 10% aufweist, wobei davon wiederum die Hälfte (also insgesamt ca. ein Achtel) nur eine sehr niedrige Ausländerquote von 0% - 5% haben,
- Ausländeranteile von über 50% kommen nur selten vor.
-

Mit Hilfe des nachfolgenden Histogramms mit Glockenkurve (vgl. Hörnstein/Kreth, Wirtschaftsstatistik, S. 76) lässt sich die Verteilung der Ausprägungen darstellen.

9

Abbildung 3: Histogramm Ausländeranteile (2002-2004)

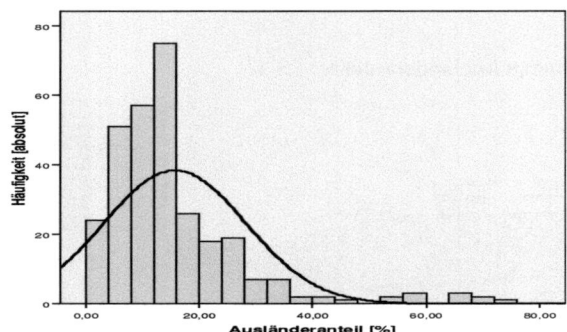

Das Histogramm zeigt, dass die meisten Ausprägungen bei einem Ausländeranteil von ungefähr 15% - 18% liegen. Insgesamt liegen alle Ausprägungen von 0% bis ca. 50% innerhalb der Gaußschen Glockenkurve. Ausprägungen die außerhalb liegen, kommen nur selten vor (Weitere Interpretationsmöglichkeiten, vgl. Hörnstein/Kreth, Wirtschaftsstatistik, S. 76 ff).

Eine weitere Möglichkeit der grafischen Darstellung, der Verteilung von Ausprägungen, bietet die Summenhäufigkeitskurve.

Abbildung 4: Summenhäufigkeitskurve Ausländeranteile 2004

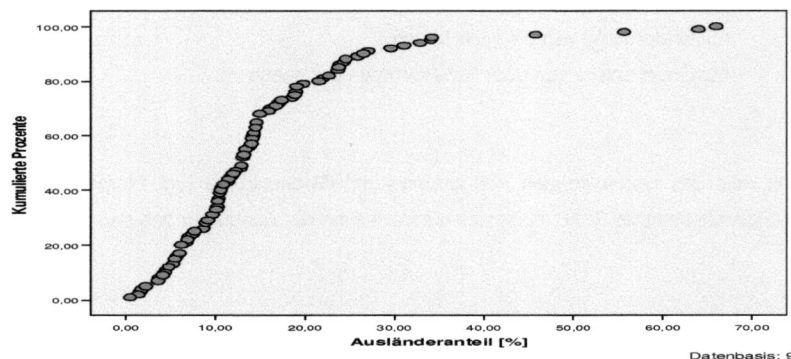

Datenbasis: 99

Bei dieser Darstellung fällt sofort ins Auge, dass fast 80% der Stadtteile einen Ausländeranteil von höchstens 20% aufweisen. Außerdem gibt es vier Stadtteile, die

10

einen Ausländeranteil über 40% haben. Bei den nachfolgenden Variablen werden wir aus Vereinfachungsgründen nur jeweils den Boxplot und je eine weitere grafische Darstellungsweise betrachten.

3.3. Zielvariable Arbeitslosenquote

Im Folgenden stellen wir nun die Zielvariable Arbeitslosenquote vor. Nachfolgende Definition haben wir hierzu der Statistik-Nord-Homepage entnommen: „Die Quoten für die Arbeitslosen sind nicht - wie sonst üblich - auf die Erwerbspersonen, sondern ersatzweise auf die Bevölkerung im Alter von 15 bis unter 65 Jahren bezogen, da aktuelle Erwerbspersonenzahlen für die Stadtteile nicht verfügbar sind. Als Bezugsgröße für die Anteile der jüngeren und älteren Arbeitslosen dienen ebenfalls die entsprechenden Altersgruppen der Bevölkerung. 1340 Arbeitslose waren räumlich nicht zuzuordnen." (www.statistik-nord.de)

Ein Wert war in der Stadtteildatenbank im Jahre 2002 fehlend (Stadtteil: Gut Moor). Somit ist die Datenbasis bei dem nachfolgenden Boxplot 299 Stadtteile.

Eine Tabelle mit der Fünf-Zahlen-Statistik zur Arbeitslosenquote befindet sich im Anhang (Tabelle 3).

Abbildung 5: Boxplot Arbeitslosenquote

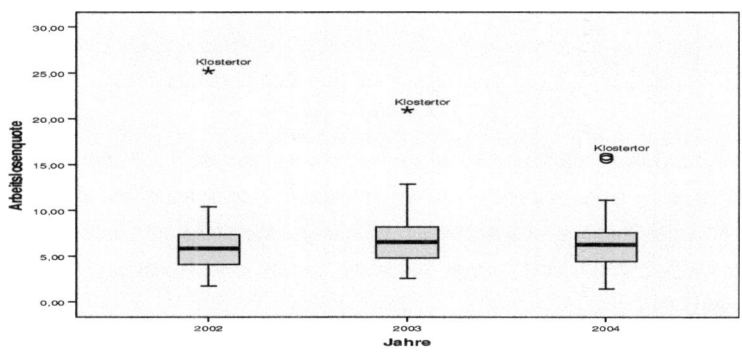

Nach oben stellt im Betrachtungszeitraum der Stadtteil Klostertor jeweils den Extremwert dar. Hier liegt die Arbeitslosenquote in 2002 bei 25,2 %, in 2003 bei

11

20,9% und in 2004 bei 15,9% (vgl. Tabelle 3). An dieser Stelle möchten wir nochmals kritisch darauf hinweisen, dass Klostertor mit einer Einwohnerzahl von 1.129 in 2004, einen relativ kleinen Stadtteil darstellt. Dieser Stadtteil ist sehr klein, hat aber kaum Auswirkungen auf diese Boxplots. Deshalb haben wir uns dazu entschieden den Stadtteil in unserer Grundgesamtheit zu belassen, weil er auch in späteren Untersuchungen kein Ausreißer oder Extremwert mehr ist.

Betrachten wir nun den Boxplot für das Jahr 2004:
- ein Viertel aller Stadteile haben eine Arbeitslosenquote von höchstens 4,4%,
- die Hälfte einen Arbeitslosenanteil von höchstens 6,2%, und
- drei Viertel einen Anteil von höchstens 7,6% (vgl. Tabelle 3).

Als nächstes betrachten wir nun die Summenhäufigkeitskurve für die Arbeitslosenquote.

Abbildung 6: Summenhäufigkeitskurve der Arbeitslosenquote (2004)

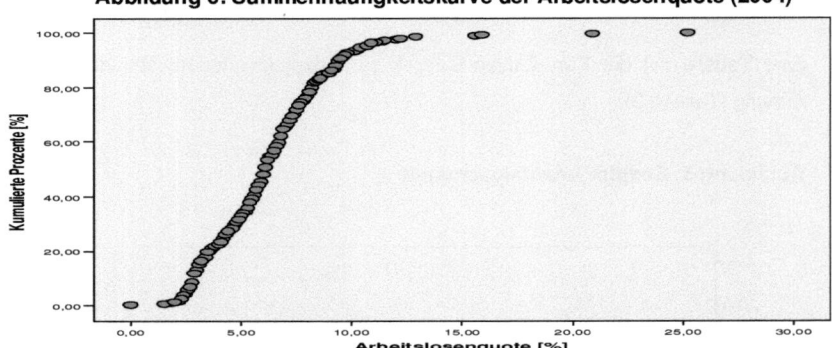

Datenbasis: 100

Mit Hilfe der Summenhäufigkeitskurve kann man erkennen, dass 20% der Stadtteile eine Arbeitslosenquote von höchstens 5% aufweisen. Interessant ist vor allem, dass knapp 90% der Stadtteile eine Arbeitslosenquote von höchstens 10% aufweisen. 4% der Stadtteile, also nur sehr wenige, wiederum, weisen eine Arbeitslosenquote von mindestens 15% auf.

3.4. Zielvariable Sozialhilfeempfänger

Als nächstes gehen wir auf die Sozialhilfeempfängerquoten in Hamburgs Stadtvierteln ein. Bei dieser Variable wurden vom Statistikamt Nord ausschließlich Empfänger/innen berücksichtigt, die eine laufende Hilfe zum Lebensunterhalt erhalten (außerhalb von Einrichtungen, inklusive Grundsicherung) (vgl. www.statistik-nord.de).

Auch hier zunächst der Boxplot. Die dazugehörige Fünf-Zahlen-Statistik befindet sich im Anhang (Tabelle 4).

Abbildung 7: Boxplot Sozialhilfeempfänger

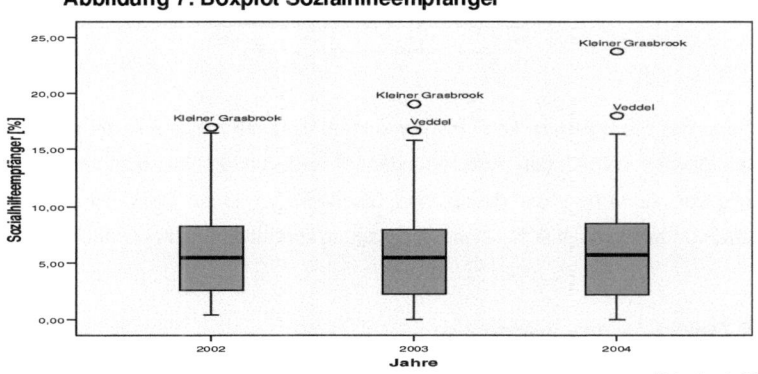

Im Betrachtungszeitraum stellt der Stadtteil Kleiner Grasbrook (für den gesamten Zeitraum) sowie der Stadtteil Veddel (für die Jahre 2003 und 2004) die Ausreißer dar. Es gibt keine Extrema. Auch hier die kritische Anmerkung, dass der Stadtteil Kleiner Grasbrook eine recht geringe Einwohnerzahl hat: 1.368 (in 2004).

Für das Jahr 2004 können folgende Aussagen gemacht werden:

- das Minimum liegt bei 0,0% (Stadtteil: Wohldorf – Ohlstedt),
- ein Viertel der Stadteile weisen eine Quote von höchstens 2,25%,
- die Hälfte eine Quote von höchstens 5,7% auf, und
- drei Viertel eine Sozialhilfeempfängerquote von höchstens 8,5% auf (vgl. Tabelle 4).

Nun betrachten wir das Histogramm zu den Sozialhilfeempfängerquoten:

Abbildung 8: Histogramm Sozialhilfeempfängerquote

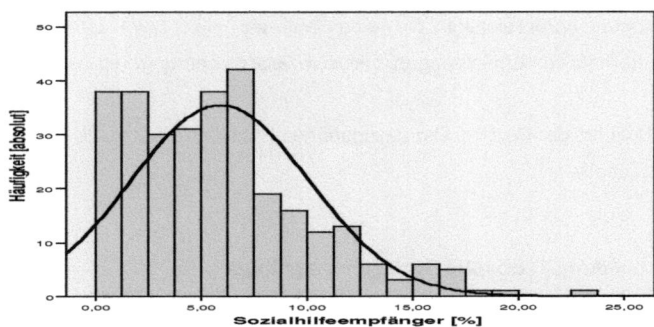

Anhand des Histogramms kann man erkennen, dass die meisten Ausprägungen bei einem Anteil von 7% liegen. Ausprägungen i.H.v. 1% und 2% kommen ebenfalls sehr häufig vor. Außerhalb der Gaußschen Glockenkurve liegen Sozialhilfeempfänger-anteile von mindestens 20%. Diese Ausprägung kommt demnach nur selten vor.

3.5. Zielvariable Immobilienpreise

Als nächstes betrachten wir die Immobilienpreise in Hamburg. Um diese Variable trotz der vielen fehlenden Angaben (vgl. Kapitel 2.2.) für unsere Hausarbeit nutzen zu können, haben wir jeweils für die durchschnittlichen Quadratmeterpreise Punkte zwischen 0 und 100 vergeben.

Zunächst haben wir die Punkte für die Preise der Eigentumswohnungen vergeben. Hier hat der Stadtteil Harvestehude 100 Punkte bekommen, mit einem durchschnittlichen Quadratmeterpreis in 2004 i.H.v. 3.364 €.

Nachfolgend der Boxplot mit den Originaldaten zu den Eigentumswohnungspreisen.

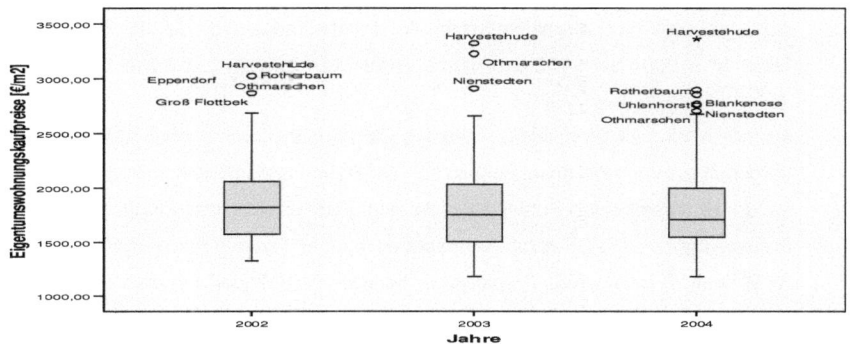

Abbildung 9: Boxplot Kaufpreise von Eigentumswohnungen

Eine Tabelle mit der Fünf-Zahlen-Statistik befindet sich im Anhang (vgl. Tabelle 5).

In den Jahren 2002 und 2003 gibt es keine Extremwerte. In 2004 stellt der Stadtteil Harvestehude den Extremwert dar. Auffällig ist der Sprunghafte Anstieg der Preise für Eigentumswohnungen in Harvestehude von 3.024 €/m² in 2002 auf 3.323 €/m² in 2004. Anschließend haben wir Punkte für die Preise von Ein- und Zweifamilienhäusern vergeben. Der Stadtteil Rotherbaum stellt den Extremwert da, und hat aufgrund dessen die maximale Punktzahl von 100 Punkten erhalten, mit einem Quadratmeterpreis in 2004 von 5.263 €.

Abbildung 10: Boxplot Kaufpreise von Ein- und Zweifamilienhäusern

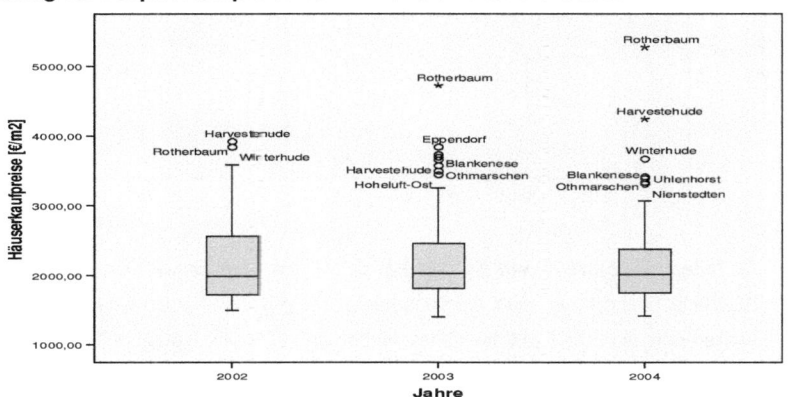

15

Eine Tabelle mit der Fünf-Zahlen-Statistik befindet sich im Anhang (Tabelle 6). Auffällig ist bei der Betrachtung der Häuserpreise in Hamburg, dass die Spannweite sehr groß ist (vgl. Hörnstein/Kreth, Wirtschaftsstatistik, S. 42 ff). So liegt das Minimum in 2004 bei 1.412 €/m² während das Maximum bei 5.263 €/m² liegt.

Nachdem wir den Stadtteilen erstmal je für die Eigentumswohnungspreise Punkte vergeben haben, und anschließend für die Häuserpreise Punkte vergeben haben, haben wir diese beiden Punktewerte zu einer Punktezahl zusammengefasst. Bei der Punktevergabe in SPSS haben wir nachfolgende, abgeleitete Formel gebraucht:

$$((- \text{Minimum} * 100) + 100) \setminus (\text{Maximum} - \text{Minimum})) * \text{Immobilienpreise}$$

Nach Durchführung dieser Prozedur der Punktevergabe, sind noch 79 Fälle fehlend. Prozentual ausgedrückt sind also insgesamt 23,33 % fehlend. Die restlichen 76,67 % stellen in den nachfolgenden Betrachtungen unsere neue Grundgesamtheit dar.

Abbildung 11: Boxplot Immobilienpreise in Punkten (0-100)

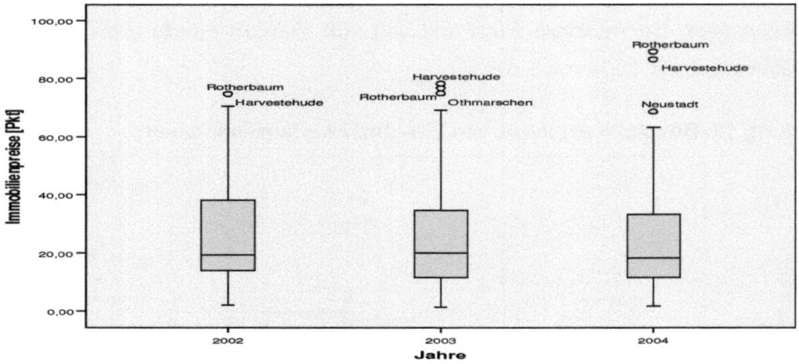

Datenbasis: 300

Auch hierbei tauchen, wie bereits bei den vorherigen Boxplot-Darstellungen, die Stadtteile Rotherbaum und Harvestehude, als Ausreißer nach oben auf. Weitere Ausreißer stellen die Stadtteile Othmarschen (in 2003) und Neustadt (in 2004) dar.

16

4. Korrelation

4.1. Korrelation zwischen Sozialhilfeempfänger- und Arbeitslosenquote

In diesem Kapitel möchten wir untersuchen, ob die zuvor vorgestellten Variablen mit
einander in Abhängigkeit stehen. Mit Hilfe des nachfolgenden Streudiagramms
wollen wir zunächst mögliche Zusammenhänge zwischen den
Sozialhilfeempfängerquoten und den Arbeitslosenquoten sichtbar machen.

Abbildung 12: Streudiagramm Sozialhilfe- / Arbeitslosenquote im Jahr 2004

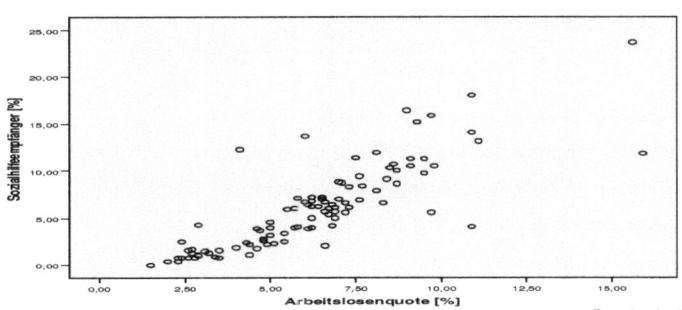

Da sich
die Punktwolke deutlich zu einer Geraden verdichtet, deutet dies auf einen starken
Zusammenhang hin (vgl. Hörnstein/Kreth, Wirtschaftsstatistik, S. 117 ff). Die
Korrelation nach Pearson weist einen Wert von 0,836 auf. Die Korrelation nach
Spearman einen Wert von 0,867 (vgl. Tabelle 8). Da es sich um Variablen mit
Ausreißern handelt ist nur der Wert von Spearman für uns interessant.

Wir haben hier einen starken, positiven, monotonen Zusammenhang. Wenn also ein
Stadtteil eine hohe Arbeitslosenquote aufweist, kann daraus geschlossen werden,
dass im gleichen Stadtteil ebenfalls eine hohe Sozialhilfequote vorliegt. Da dieser
Zusammenhang so stark ist, werden wir im weiteren Verlauf nur die Variable
Sozialhilfeempfängerquote stellvertretend für beide betrachten.

4.2. Korrelation zwischen Sozialhilfeempfänger- und Ausländerquote

Das nachfolgende Streudiagramm soll den Zusammenhang zwischen der
Ausländeranteilen und der Sozialhilfeempfängeranteilen darstellen.

Abbildung 13: Streudiagramm Sozialhilfeempfänger- / Ausländerquote 2004

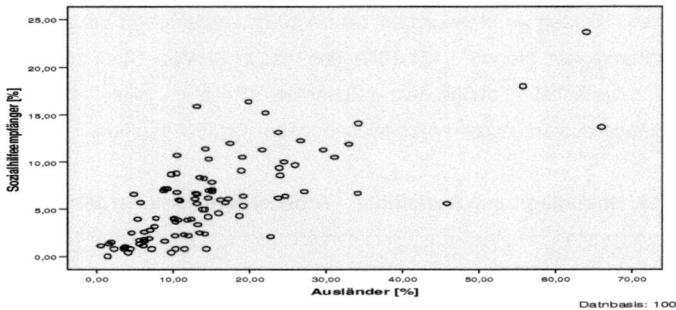

Auch hier konzentriert sich die Punktwolke auf eine Gerade hin. Die Korrelation nach Pearson beträgt 0,720 und nach Spearman 0,717 (vgl. Tabelle 9). Zwischen diesen Variablen herrscht also ebenfalls ein starker, positiver, monotoner Zusammenhang.

4.3. Korrelation zwischen Sozialhilfeempfängerquote und Immobilienpreisen

Als nächsten möchten wir den eventuellen Zusammenhang zwischen den Sozialhilfeempfängeranteilen und den Immobilienpreise untersuchen.

Abbildung 14: Streudiagramm Sozialhilfeempfänger / Immobilienpreise 2004

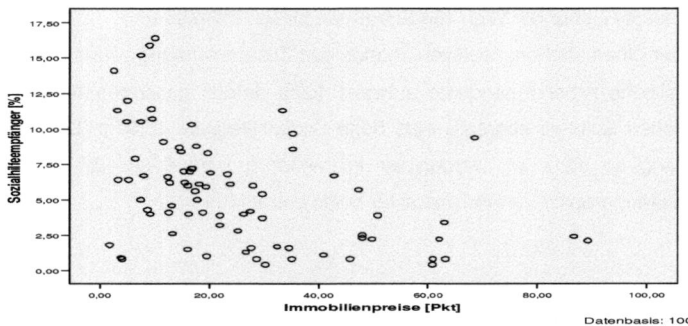

Auch aus diesem Streudiagramm kann die Tendenz einer Anhäufung der Punkte zu einer Geraden abgelesen werden. Jedoch ist eine negative Steigung zu erkennen. Bei Betrachtung der Korrelationsmaße (Pearson -0,438 und Spearman -0,478) (vgl. Tabelle 10) kann man von einem mittel starken, negativem Zusammenhang sprechen. Konkret bedeutet dies, wenn ein Stadtteil eine hohe Sozialhilfeempfängerquote hat, werden dort meist auch geringere Immobilienpreise erzielt.

Zusammenfassend kann man sagen, dass die Variablen Arbeitslosenquote, Ausländeranteil und Sozialhilfeempfängeranteil einen starken positiven, monotonen Zusammenhang aufweisen. Aufgrund dieses starken Zusammenhangs, haben wir die Variable Immobilienpreise nur noch mit den Sozialhilfeempfängerquoten verglichen, stellvertretend für alle drei Variablen. Daraus schießen wir, dass alle genannten Variablen einen mittleren negativen monotonen Zusammenhang mit der Variable Immobilienpreise haben.

5. Armutsindikator

Um eine Einteilung in „ärmere" und „reichere" Stadtteile machen zu können, haben wir die zuvor beschriebenen Variablen, zu einer neuen Variable zusammengefasst. Hierbei sind wir, wie auch schon bei den Immobilienpreisen, im Programm SPSS, mit der Vergabe von Punkten vorgegangen (vgl. SPSS Handbuch). Da den Immobilienpreisen ja bereits Punkte zugeordnet waren, mussten nur noch die Punkte für die Ausländer- und Sozialhilfeempfängeranteile vergeben werden. Anschließend haben wir jeweils den Durchschnitt aus diesen drei Punktzahlen ermittelt, und diese neue Punktzahl „Armutsindikator" genannt. Hierbei war zu beachten, dass jeweils die Stadtteile mit den höchsten Ausländer- und Sozialhilfeempfängerquoten auch die höchste Punktzahl bekamen. Während die Stadtteile mit den höchsten Immobilienpunkten, die niedrigsten Punkte beim Armutsindikator bekamen.

Die nachfolgende Boxplotdarstellung zeigt die Stadtteile nach der Punktevergabe.

Abbildung 15: Boxplot Armutsindikator

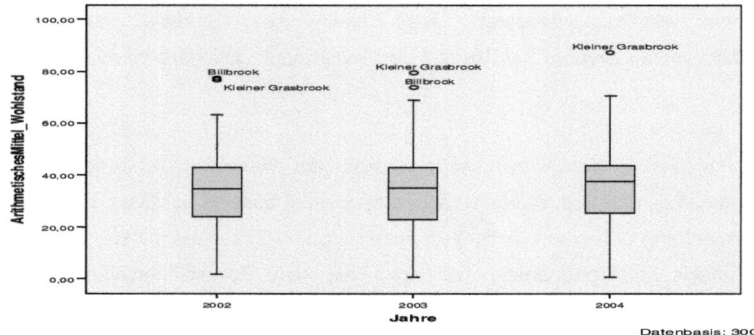

Datenbasis: 300

Eine Tabelle mit der Fünf-Zahlen-Statistik befindet sich im Anhang (Tabelle 11). Die höchsten Punkte für den Betrachtungszeitraum haben die Stadtteile Billbrook und Kleiner Grasbrook. Diese beiden Stadtteile stellen die Ausreißer dar. Zu sehen ist, dass der Median im Betrachtungszeitraum gestiegen ist: von 34,76 Punkten auf 37,65 Punkte. Dies ist nach unserem Indikator ein Indiz für eine Steigerung der Armut in den Stadteilen.

6. Schlussbetrachtung

Im nachfolgenden Kapitel fassen wir unsere Ergebnisse zusammen und gehen kritisch auf diese ein. Des Weiteren möchten wir auf die Probleme während unserer Untersuchungen hinweisen.

6.1. Zusammenfassung

Unsere Untersuchungen haben die großen Unterschiede zwischen Hamburgs Stadtteilen aufgezeigt. Es gibt klare Tendenzen, dass in Stadtvierteln mit hohen Arbeitslosen- und Sozialhilfeempfängerquoten zugleich auch niedrigere Immobilienpreise erzielt werden. Dies konnte durch die Korrelationskennzahlen belegt werden (vgl. Kapitel 4). Somit können wir die These, dass das Stadtbild keineswegs homogen ist, ohne weiteres bejahen.

20

Außerdem hat der Armutsindikator einen Trend aufgezeigt, dass die Armut im Großteil der Stadtteile während des Betrachtungszeitraums gewachsen ist. (vgl. Kapitel 5). Hingegen werden einige Stadtteile, wie z.B. Rotherbaum, immer reicher, vor allem durch steigende Immobilienpreise (vgl. Kapitel 3.5.).

6.2. Kritische Betrachtung

Aufgrund der vielen fehlenden Daten, vor allem bei den Immobilienpreisen, konnten nur Vermutungen gemacht werden, bzw. Tendenzen aufgezeigt werden. Somit kann mit dem von uns verwendeten Armutsindikator keine endgültige Aussage bezüglich der tatsächlichen Armut in den Stadtteilen getroffen werden. Für eine endgültige Aussage wäre vor allem der Faktor Einkommen wichtig gewesen.

6. 3. Zukunftsblick

Sollten die aufgezeigten Tendenzen nicht durch Eingreifen der Stadt Hamburg fortschreiten, kann man sich durchaus vorstellen, dass die Unterschiede zwischen den Stadtvierteln noch größer werden, und somit sich die Schere zwischen Arm und Reich immer weiter öffnet. Wie jedoch in letzter Zeit immer öfter in den Medien berichtet wird, hat die Stadt Hamburg diese Entwicklungen bereits erkannt, und ist bereit dem, mit Investitionen in die ärmeren Stadtviertel, entgegen zu wirken.

Anhang

Tabelle 2: Fünf-Zahlen Statistik Ausländeranteil

		Jahre		
		2002	2003	2004
Ausländer	Minimum	1,10	,70	,50
	Perzentil 25	7,80	8,75	8,20
	Median	13,15	13,35	13,10
	Perzentil 75	19,20	19,55	18,95
	Maximum	73,70	71,20	66,00
	Gültige N	100	100	100

Tabelle 3: Fünf-Zahlen Statistik Arbeitslosenquote

		Jahre		
		2002	2003	2004
Arbeitslosenquote	Minimum	1,80	2,60	1,50
	Perzentil 25	4,10	4,80	4,40
	Median	5,80	6,55	6,20
	Perzentil 75	7,40	8,20	7,60
	Maximum	25,20	20,90	15,90
	Gültige N	99	100	100

Tabelle 4: Fünf-Zahlen Statistik Sozialhilfeempfänger

		Jahre		
		2002	2003	2004
Sozialhilfeempfänger	Minimum	,40	,00	,00
	Perzentil 25	2,60	2,30	2,25
	Median	5,50	5,50	5,70
	Perzentil 75	8,30	7,95	8,50
	Maximum	17,00	19,00	23,70

Tabelle 5: Fünf-Zahlen-Statistik Immobilienpreise Eigentumswohnungen

		Jahre		
		2002	2003	2004
ETW-Kaufpreise [€/m2]	Minimum	1335,00	1189,00	1185,00
	Perzentil 25	1576,50	1513,00	1549,00
	Median	1825,00	1753,00	1716,00
	Perzentil 75	2056,00	2033,00	2002,00
	Maximum	3024,00	3323,00	3364,00
	Gültige N	64	65	73

Tabelle 6: Fünf-Zahlen-Statistik Immobilienpreise Häuser

		Jahre		
		2002	2003	2004
Häuserkaufpreise [€/m2]	Minimum	1490,00	1403,00	1412,00
	Perzentil 25	1717,00	1812,00	1748,00
	Median	1988,00	2021,00	2008,00
	Perzentil 75	2558,00	2457,00	2364,00
	Maximum	3915,00	4718,00	5263,00
	Gültige N	62	62	68

Tabelle 7: Fünf-Zahlen-Statistik Immobilienpreise [Punkte]

		Jahre		
		2002	2003	2004
Immobilienpreise in Punkten (0-100)	Minimum	2,25	,00	1,81
	Perzentil 25	4,02	11,42	11,63
	Median	9,30	19,25	18,51
	Perzentil 75	37,95	34,75	33,36
	Maximum	74,74	78,23	89,28
	Gültige N	74	75	82

Tabelle 8: Korrelation Sozialhilfeempfänger- / Arbeitslosenquote

		Sozialhilfeempfänger	Arbeitslosenquote
Sozialhilfeempfänger	Korrelation nach Pearson	1	,836(**)
	Korrelation nach Spearman		,867 (**)
	N	101	101
Arbeitslosenquote	Korrelation nach Pearson	,836(**)	1
	Korrelation nach Spearman	,867(**)	
	N	101	102

** Die Korrelation ist auf dem Niveau von 0,01 (2-seitig) signifikant.

Tabelle 9: Korrelation Sozialhilfeempfänger- / Ausländeranteile

		Ausländer	Sozialhilfeempfänger
Ausländer	Korrelation nach Pearson	1	,720(**)
	Korrelation nach Spearman	1	,717(**)
	N	100	100
Sozialhilfeempfänger	Korrelation nach Pearson	,720(**)	1
	Korrelation nach Spearman	,717(**)	1
	N	100	100

** Die Korrelation ist auf dem Niveau von 0,01 (2-seitig) signifikant.

Tabelle 10: Korrelation Sozialhilfeempfänger / Immobilienpreise

		Sozialhilfeempfänger	Immobilienpreise
Sozialhilfeempfänger	Korrelation nach Pearson	1	-,438(**)
	Korrelation nach Spearman	1	-,478(**)
	N	100	82
Immobilienpreise	Korrelation nach Pearson	-,438(**)	1
	Korrelation nach Spearman	-,478(**)	1
	N	82	82

** Die Korrelation ist auf dem Niveau von 0,01 (2-seitig) signifikant.

Tabelle 11: Fünf-Zahlen-Statistik Armutsindikator

		Jahre		
		2002	2003	2004
Punkte "Armut"	Minimum	1,97	,82	,82
	Perzentil 25	24,01	23,04	25,28
	Median	34,76	35,05	37,65
	Perzentil 75	42,94	42,87	43,63
	Maximum	77,39	79,52	87,34
	Gültige N	100	100	100

Literaturverzeichnis

Literatur:

Hörnstein, Elke & Kreth, Horst, 2001

Wirtschaftsstatistik – Klausur-Intensiv-Training BWL (Kohlhammer Verlag, Stuttgart)

Vermöhlen, Andreas, 2006

SPSS-Handbuch – Version 13.0 (Hochschule für Angewandte Wissenschaften)

Internet:

Statistik Nord:

www.fhh.hamburg.de/stadt/Aktuell/behoerden/inneres/statistisches-amt/Statistikinformationen/statistikinformationen.html (1.12.2006)

http://fhh1.hamburg.de/fhh/behoerden/behoerde_fuer_inneres/statistisches_landesamt/profile/anmerkungen.htm (1.12.2006)

Statistik Nord – Stadtteildatenbank:

www.statistik-nord.de/fileadmin/regional/regional.php (1.12.2006)

LBS Bausparkasse – Immobilienatlas:

www.lbs.de/hamburg/immobilien/studien/immobilienmarkt (1.12.2006)